Mohammed Sani Abdulsalami
Victor Markus

Efeito do Processamento nos Anti-Nutrientes da Semente de Thevetia Peruviana

Mohammed Sani Abdulsalami
Victor Markus

Efeito do Processamento nos Anti-Nutrientes da Semente de Thevetia Peruviana

ScienciaScripts

Imprint
Any brand names and product names mentioned in this book are subject to trademark, brand or patent protection and are trademarks or registered trademarks of their respective holders. The use of brand names, product names, common names, trade names, product descriptions etc. even without a particular marking in this work is in no way to be construed to mean that such names may be regarded as unrestricted in respect of trademark and brand protection legislation and could thus be used by anyone.

Cover image: www.ingimage.com

This book is a translation from the original published under ISBN 978-3-659-82959-8.

Publisher:
Sciencia Scripts
is a trademark of
Dodo Books Indian Ocean Ltd. and OmniScriptum S.R.L publishing group

120 High Road, East Finchley, London, N2 9ED, United Kingdom
Str. Armeneasca 28/1, office 1, Chisinau MD-2012, Republic of Moldova, Europe
Printed at: see last page
ISBN: 978-620-8-16763-9

Índice:

CHATER 1

1.0INTRODUÇÃO

Existe uma ampla distribuição de constituintes biologicamente activos em todo o reino vegetal, particularmente nas plantas utilizadas como alimento para animais e na alimentação humana (Igile, 1996). Muitas sementes que poderiam ser fontes potenciais de proteínas para a alimentação animal contêm uma série de toxinas e anti-nutrientes que reduzem os seus valores nutritivos (Oluwaniyi *et al.*, 2007). Estes factores antinutricionais nas plantas podem ser classificados ou agrupados com base na sua estrutura química, na ação específica que provocam ou na sua origem biossintética (Aletor, 1999). Embora esta base de classificação possa não abranger ou englobar todos os grupos conhecidos de factores antinutricionais, representa a lista dos que se encontram frequentemente na alimentação humana e animal (Soeton e Oyewole, 2009). Os factores antinutricionais são de vários tipos e natureza. Em geral, podem ser divididos num grupo termolábil constituído por lectinas, inibidores da proteinase e cianogénios, que são sensíveis às temperaturas normais de processamento, e num grupo termoestável que inclui, entre outros, taninos, alcalóides, glucosinolatos e saponinas (Oluwaniyi *et al.*, (2007).

Thevetia peruviana, juss, mais vulgarmente conhecida como oleandro amarelo, árvore-dos-bezerros, arbusto-do-leite, etc., pertence à ordem apocynales e à família apocynaceae. É uma planta nativa da América tropical, mas naturalizou-se nas regiões tropicais e subtropicais do mundo (Oluwaniyi *et al.*, 2007). Na Nigéria, existe em abundância, onde é cultivada principalmente como planta ornamental (Olatunji *et al.*, 2011). Existem duas variedades da planta, uma com flores amarelas, o loendro amarelo, e a outra com flores roxas, o loendro nerium; ambas as variedades florescem e frutificam durante todo o ano, proporcionando um fornecimento constante de sementes (Usman *et al.*, 2009). A semente contém 60% de óleo e o teor proteico do bolo de sementes desengordurado é de cerca de 37% (Olatunji, 2010). (2004), o teor de proteínas de vários alimentos variou entre 39% no melaço de cana, 3,9% na farinha de sementes de algodão e 40% na farinha de soja e na farinha de amendoim. Estes resultados mostram que a farinha de sementes de *Thevetia peruviana* pode ser comparável à qualidade da farinha de soja e de amendoim. Atualmente, não existe praticamente nenhuma procura comercial ou alimentar humana para a semente, o que a torna muito barata em comparação com outros concentrados proteicos convencionais como o amendoim e a soja. No entanto, a planta de thevetia continua a ser principalmente uma planta ornamental devido à sua natureza tóxica. As toxinas são maioritariamente glicosídeos cardíacos e as suas agliconas livres (Oluwaniyi *et al.*, 2007).

1.2 OBJECTIVOS

* Determinar qualitativa e quantitativamente alguns dos factores antinutricionais presentes na amêndoa da semente de *Thevetia peruviana*.

* Investigar o método de processamento adequado para a eliminação máxima dos factores anti-nutricionais na amêndoa da semente de *Thevetia peruviana.*

1.3 JUSTIFICAÇÃO

As fontes de proteínas vegetais não só são limitadas, como também são muito caras devido às necessidades concorrentes destas fontes por parte do homem e de outros animais (Taiwo *et al.*, 2004). Por conseguinte, há necessidade de investigação sobre fontes alternativas de proteínas de origem vegetal que sejam baratas, facilmente disponíveis e acessíveis, especialmente nos países em desenvolvimento como a Nigéria.

CHATER 2

2.0REVISÃO DA LITERATURA

2.1 SEMENTES DE ÓLEO

As sementes oleaginosas são as principais fontes de proteínas e óleos vegetais para a alimentação humana e animal. Constituem também uma parte indispensável das nossas matérias-primas industriais (Usman *et al.*, 2009). As sementes contêm todos os nutrientes importantes necessários para o crescimento humano. São excelentes fontes de proteínas e de ácidos gordos insaturados essenciais que são necessários para a saúde. (www.best-home-remedies.com). Além disso, são uma das melhores fontes naturais de lecitina, da maioria das vitaminas do complexo B e da vitamina E, que são talvez os elementos mais importantes para a preservação da saúde e a prevenção do envelhecimento prematuro. Para além disso, são ricas fontes de minerais e fornecem o volume necessário na dieta. (www.best-home- remedies.com). No entanto, algumas das sementes são ricas em factores anti-nutricionais que podem limitar a sua utilização no sistema alimentar (Moran *et al.*, 1968). A maioria dos metabolitos secundários destas plantas provocam respostas biológicas muito prejudiciais, enquanto alguns são amplamente aplicados na nutrição e como agentes farmacológicos activos (Soetan, 2008).

A semente de *Thevetia peruviana* contém toxinas, maioritariamente glicosídeos cardíacos e as suas agliconas livres (Oluwaniyi *et al.*, 2007). O principal glicosídeo registado é a tevetina. Foi referido por Sun e Libizor (1964) que a amêndoa de Thevetia contém entre 3,6 e 4,0% de tevetina. Outros glicosídeos que foram registados na planta de thevetia incluem theveside, neriifolin, cerberin, peruvoside, theveridoside, digitoxigenin entre outros (Lang e Sun, 1965; Huang *et al.*, 1966; Arora *et al.*, 1967; Sticher 1970; Perez-Amador *et al.*, 1994; El Tanbouly *et al.*, 2000; Oluwaniyi e Ibiyemi 2007).

2.2 ESTRUTURA DO GLICOSÍDEO CARDÍACO E DA AGLICONA LIVRE

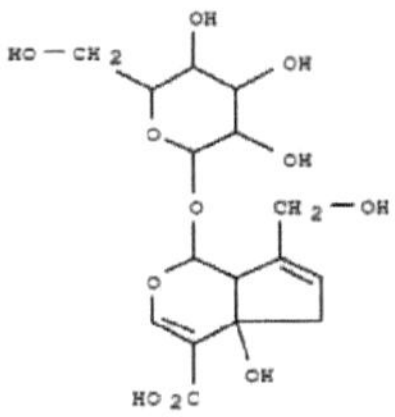

Theveside

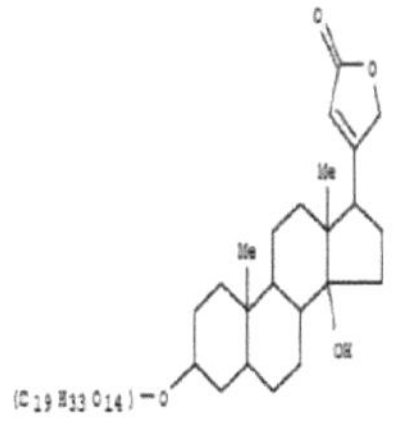

Thevetin

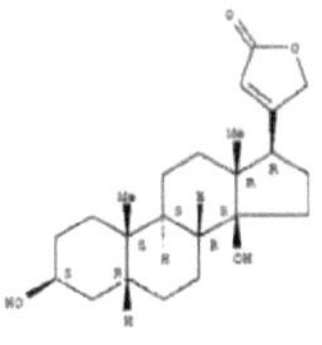

Digitoxigenin

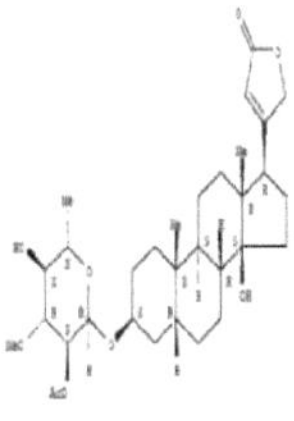

Cerberin

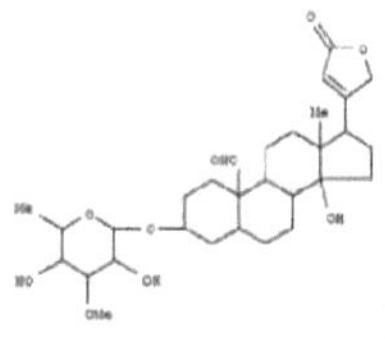

Peruvoside

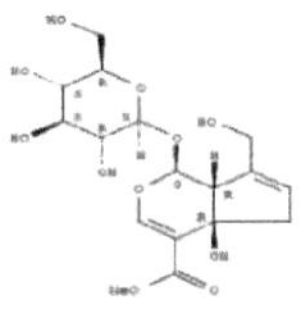

Theveridoside

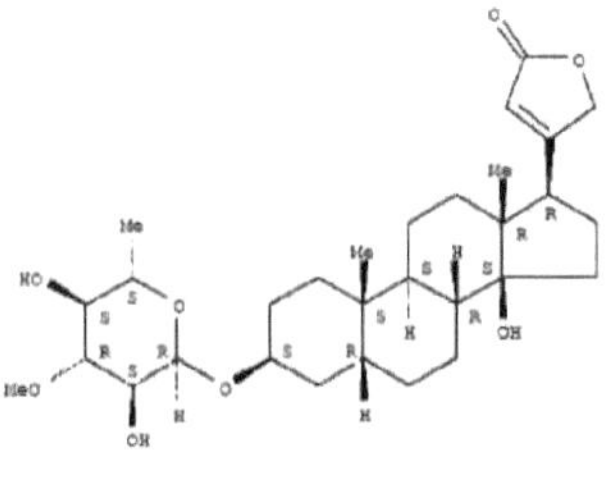

Neriifolin

Fig. 2.1. Algumas das estruturas de agliconas livres registadas na semente de Thevetia

2.2.1 Composição estrutural do glicosídeo cardíaco

Os glicosídeos cardíacos são compostos por duas caraterísticas estruturais: a porção de açúcar (glicosídeo) e a porção não-açúcar (aglicona - esteroide), como mostra a figura abaixo. O grupo R na posição 17 define a classe dos glicosídeos cardíacos. (www.people.vcu.edu).

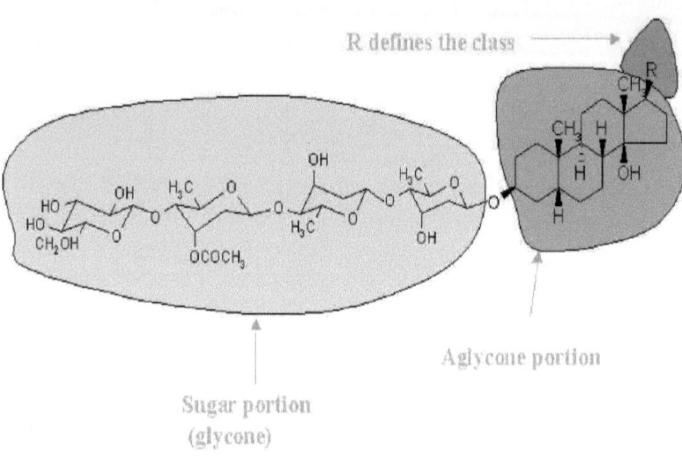

Fig. 2.2 A estrutura do glicosídeo cardíaco mostrando a glicona e a porção aglicona

A fração aglicona: O núcleo dos esteróides tem um conjunto único de sistemas de anéis fundidos que tornam a porção de aglicona estruturalmente distinta dos outros sistemas de anéis de esteróides mais comuns. O núcleo esteroide tem hidroxilos nas posições 3 e 14, sendo que a ligação do açúcar utiliza o grupo 3-OH. O 14-OH é normalmente não substituído (www.people.vcu.edu). Muitas geninas têm grupos OH nas posições 12- e 16-. Estes grupos hidroxilo adicionais influenciam a partição dos glicosídeos cardíacos no meio aquoso e afectam grandemente a duração da ação. A porção de lactona na posição C-17 é uma caraterística estrutural importante. O tamanho e o grau de insaturação variam consoante a fonte do glicosídeo. Normalmente, as fontes vegetais fornecem uma lactona insaturada com 5 membros, enquanto as fontes animais fornecem uma lactona insaturada com 6 membros (www.people.vcu.edu).

A fração de açúcar: Na maioria dos glicosídeos cardíacos, estão presentes um a quatro açúcares ligados ao grupo 3- OH. Os açúcares mais frequentemente utilizados incluem a L-ramnose, a D-glicose, a D-digitoxose, a D-digitalose, a D-digginose, a D-sarmentose, a L-valarose e a D-frutose. Estes açúcares existem predominantemente nos glicosídeos cardíacos na conformação p. A presença do grupo acetilo no açúcar afecta o carácter lipofílico e a cinética de todo o glicosídeo, uma vez que a ordem dos açúcares parece ter pouco a ver com a atividade biológica. A natureza sintetizou um repertório de numerosos glicosídeos cardíacos com diferentes esqueletos de açúcar, mas relativamente poucas estruturas de agliconas (www.people.vcu.edu).

2.2.2 Classificação dos glicosídeos cardíacos

O grupo R na posição 17 define a classe dos glicosídeos cardíacos. Duas classes foram observadas na natureza - os cardenolídeos e os bufadienolídeos (figura abaixo). Os cardenolídeos possuem um anel butirolactona insaturado, enquanto os bufadienolídeos possuem um anel a-pirona (www.people.vcu.edu).

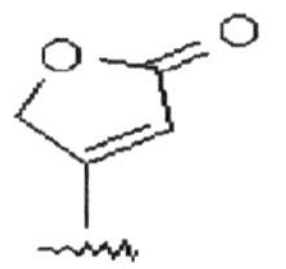

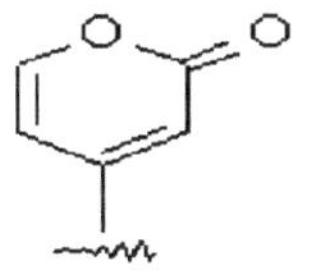

Fig.2.3 Classes de glicosídeos cardíacos e as bases que as definem.

2.2.3 Nomenclatura

Os glicosídeos cardíacos ocorrem principalmente em plantas das quais os nomes foram derivados. Digitalis purpurea, Digitalis lanata, Strophanthus grtus e Strophanthus kombe são as principais fontes de glicosídeos cardíacos. O termo "genina" no final refere-se apenas à porção aglicona (sem o açúcar). Assim, a palavra digitoxina refere-se a um agente constituído por digitoxigenina (aglicona) e por três grupos de açúcar (www.people.vcu.edu). A porção aglicona (figura abaixo) dos glicosídeos cardíacos é mais importante do que a porção glicona.

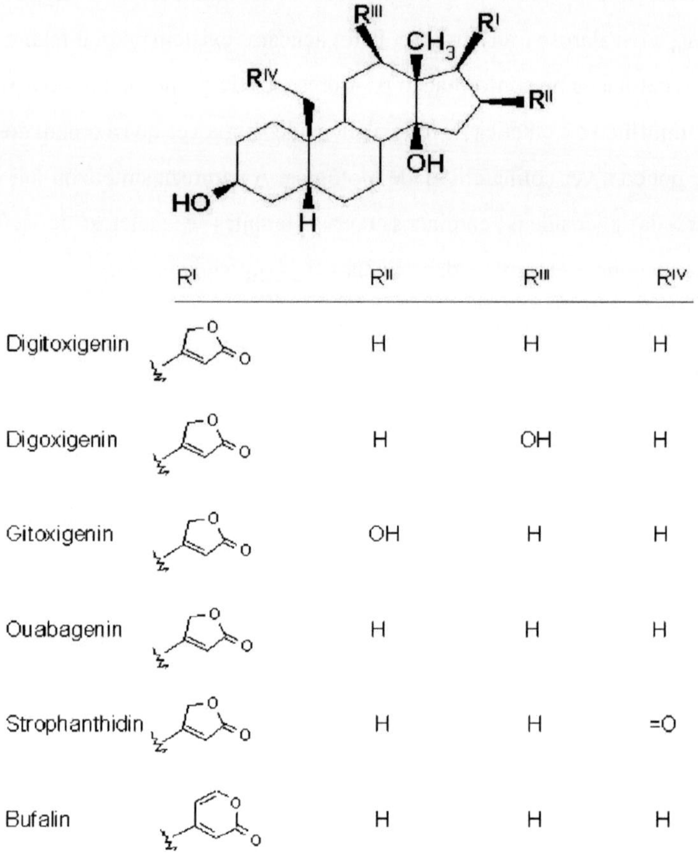

R^III
R^I
CH3
R^IV
R^II
OH
HO
H
R^I R^II R^III R^IV
Digitoxigenin H H H
Digoxigenin H OH H
Gitoxigenin OH H H
Ouabagenin H H H
Strophanthidin H H =O
Bufalin H H H

Fig.2.4 Diferentes glicosídeos cardíacos designados de acordo com a natureza da sua aglicona e origem

2.3 TOXICIDADE DAS SEMENTES DE THEVETIA: MECANISMO BIOQUÍMICO DE ACÇÃO

O mecanismo pelo qual os glicosídeos cardíacos causam efeito inotrópico positivo e alterações eletrofisiológicas ainda não está completamente esclarecido. Foram propostos vários mecanismos, mas o mais aceite envolve a capacidade dos glicosídeos cardíacos para inibir a bomba Na -K^{++} -ATPase ligada à membrana, responsável pela troca Na -K $^{++}$ (www.people.vcu.edu).

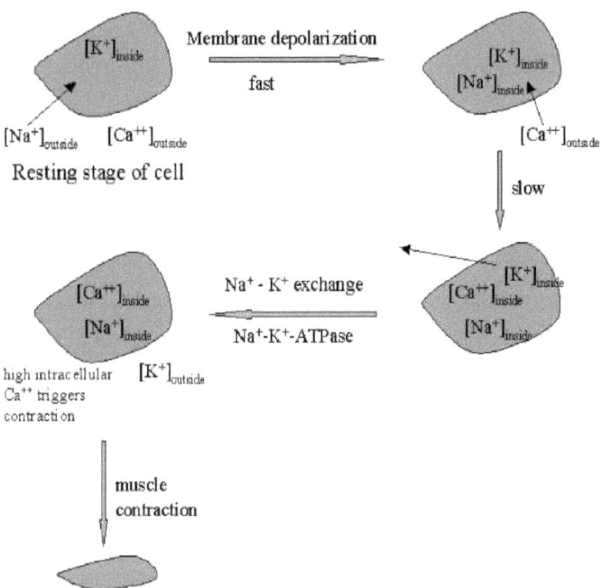

Fig.2.5. O processo de contração muscular

O processo de despolarização / repolarização da membrana é controlado pelo movimento de três catiões, Na^+, Ca^{2+} e K^+, para dentro e para fora da célula. Na fase de repouso, a concentração de Na^+ é elevada no exterior. Na despolarização da membrana, o sódio entra, levando a uma elevação imediata do potencial de ação. O Na^+ intracelular elevado desencadeia o influxo de Ca livre^{++} que ocorre mais lentamente. O aumento da [Ca^{++}] intracelular resulta no efluxo de K^+. O restabelecimento do potencial de ação ocorre mais tarde através da troca inversa Na - K^{++}. A troca Na^+ / K^+ requer energia que é fornecida por uma enzima Na -K^{++}-ATPase. Propõe-se que os glicosídeos cardíacos inibam esta enzima com um resultado líquido de redução da troca de sódio com potássio que deixa o Na^+ intracelular aumentado. Isso resulta em aumento do [Ca^{++}] intracelular. O aumento da concentração intracelular de cálcio desencadeia uma série de eventos bioquímicos intracelulares que, em última análise, resultam num aumento da força de contração do miocárdio ou num efeito inotrópico positivo (www.people.vcu.edu).

No Sri Lanka, num período de três anos, foram registados cerca de 351 casos de envenenamento por *Thevetia peruviana* (www.thepoisongarden.co.uk). A toxicidade do glicosídeo ocorre normalmente nas intoxicações acidentais que ocorrem entre crianças que se alimentam de sementes de plantas ou alguns adultos que consomem folhas de oleandro em chás de ervas (Brewster 1965; Haynes *et al.*, 1965). Um caso presumível de envenenamento fatal por tevetia foi também observado por Ansford e Morris (1981), numa criança de 3 anos que tinha brincado perto de um loendro amarelo e foi levada para o hospital. A criança apresentava sintomas caraterísticos e a presença de glicosídeo cardíaco foi detectada por radioimunoensaio do músculo cardíaco. Outro incidente fatal que foi notificado juntamente com os casos no Sri Lanka foi o de Chipre, onde um turista, de visita ao Sudeste Asiático, foi visto a colher e comer partes da planta num parque, aparentemente para cometer suicídio (www.thepoisongarden.co.uk). Oji e Okafor (2000) relataram o envenenamento de ratos albinos que culminou na morte por um extrato juntamente com o extrato de semente de *Thevetia peruviana.* Samal *et al.* (1992) relataram alguns dos sintomas de envenenamento por *Thevetia*, que incluem náuseas, vómitos e tonturas em poucas horas. Outras caraterísticas clínicas foram diarreia grave, dor abdominal, pupilas dilatadas e, ocasionalmente, convulsões.

2.4 HISTÓRIA DA PLANTA *VETIA*

Thevetia, nome dado em homenagem ao monge francês André Thevet (1502-1592), a quem se atribui a "descoberta" da planta durante as suas viagens pela América do Sul (www.thepoisongarden.co.uk). E *peruviana,* do Peru, um país do oeste da América do Sul, que faz fronteira com o Equador, a Colômbia, o Brasil, a Bolívia, o Chile e o oceano Pacífico, de onde se crê que a planta é originária.

2.5 TAXONOMIA DA PLANTA

A taxonomia da planta *Thevetia peruviana*, tal como relatada por (www.zipcode.com), é a seguinte

Domínio: *Eukaryota*

Reino: *Plantae*

Sub-reino: *Viridaeplantae*

Filo: *Tracheophyta*

Subfilo: *Euphyllophytina*

Infrafilo: *Radiatopses*

Classe: *Maqnoliopsida*

Subclasse: *Lamiidae*

Superordem: *Gentiananae*

Ordem: *Apocynales*

Família: *Apocynaceae*

Subfamília: *Rauvolfioideae*

Tribo: *Plumerieae*

Género: *Thevetia*

Epíteto específico: *peruviana*

2.6 BOTÂNICA DA PLANTA

A Thevetia peruviana é um arbusto dicotiledóneo ornamental, sempre verde, ereto e ramificado, que atinge uma altura de 3-4 metros ou mais. As folhas são lineares, brilhantes e verdes, com 10-15 cm de comprimento. Os dentes do cálice são pontiagudos, com 7-9 mm de comprimento e de cor verde. A corola é em forma de funil ou de sino, com cerca de 5 cm de largura e 7 cm de comprimento, e é amarela. O fruto é um pouco globular, com mesocarpo carnudo e tem um diâmetro de 3-5 cm. Os frutos são geralmente de cor verde e tornam-se pretos quando amadurecem. Cada fruto contém uma noz que se divide longitudinalmente e transversalmente. O fruto contém entre 1-4 sementes na sua amêndoa, e a planta produz sumo leitoso em todos os órgãos. Todas as partes da planta são tóxicas devido à presença de glicosídeos (Usman *et al.*, 2009). Como muitas plantas venenosas, o seu sabor extremamente amargo é um desincentivo à ingestão acidental e tem um efeito fortemente emético que limita ainda mais os danos que causa (www.thepoisongarden.co.uk).

2.7 DISTRIBUIÇÃO DA PLANTA

Thevetia peruviana é uma planta comum nas regiões tropicais e subtropicais do mundo, mas é nativa da América Central e do Sul (Usman *et al.*, 2009). *A T. peruvaina* tem sido cultivada na Nigéria há mais de cinquenta anos como planta ornamental em casas, escolas e igrejas por missionários e exploradores (Ibiyemi *et al.*, 2002). Existem duas variedades da planta, uma com flores amarelas, o oleandro amarelo, e a outra com flores roxas, o oleandro nerium. Ambas as variedades florescem e frutificam durante todo o ano, proporcionando um fornecimento constante de sementes (Usman *et al.*, 2009). *A Thevetia,* embora originária da América do Sul, foi agora também introduzida na Ásia, onde parece causar mais danos, uma vez que é frequentemente utilizada como árvore suicida (www.thepoisongarden.co.uk).

2.8 NOMES COMUNS DAS PLANTAS

Devido à distribuição da *Thevetia peruviana* em quase todas as partes do mundo, a maioria dos nomes que lhe foram dados foram-no de acordo com a sua localização e aparência, como se pode ver no quadro abaixo.

Tabela 2.1: Nomes comuns de *Thevetia peruviana*

S/NO	LÍNGUA	NOMES
1	Chinês	Huang hua jia zhu toa
2	Inglês	Oleandro amarelo, campainha amarela, noz da sorte, árvore do suicídio, árvore do sossego, arbusto do leite
3	francês	Laurier jaune (Bélgica), oléandre du pérou, oléandre jaune.
4	alemão	Thevetie
5	Português	Loandro amarelo
6	Russo	Tevetsiia peruvianskaia

2.9 PROPRIEDADES E CONSTITUINTES DA PLANTA

As sementes contêm um glucósido tóxico, a tevetina. A tevetina foi classificada como pertencente ao grupo das digitalinas, pelo que a sua atividade sobre o músculo cardíaco, a elevação da pressão sanguínea e as irregularidades cardíacas. Também provoca aumento do peristaltismo intestinal, aumento da salivação e contração da pupila (www.stuartxchange.com). A casca é emética, febrífuga e antiperiódica. As folhas são catárticas. O sumo leitoso é venenoso e vesicante. As sementes produzem um óleo fixo que contém 63% de triloeína, 37% de tripalmitina e estearina (www.stuartxchange.com). Olatunji *et al.* (2011) registaram as propriedades químicas das sementes de *Thevetia peruviana*. O resultado obtido mostrou que as sementes de *Thevetia peruviana* contêm as seguintes composições químicas: teor de humidade (2,94%), proteína (7,44%), óleo (57,05%), fibra bruta (22,37%), cinzas (2:24) e hidratos de carbono (7,76%). Também foi relatada a análise mineralógica das sementes. O resultado obtido mostrou que o magnésio, o potássio e o sódio eram os elementos predominantes nas sementes. Noutra investigação relatada por Usman *et al.* (2009), o bolo de sementes de *Thevetia peruviana* tem todos os aminoácidos essenciais necessários na dieta humana e animal presentes tanto no bolo de sementes tratado como no não tratado, exceto o triptofano que não pôde ser quantificado.

3.0 UTILIZAÇÕES DA PLANTA

3.1 Utilizações nutricionais

A partir de uma revisão efectuada sobre a semente de *Thevetia peruviana* cultivada na Nigéria, relatada por Usman et al. (2009), indicou que a semente tem um potencial nutricional que se compara favoravelmente com a semente oleaginosa convencional e a fonte de proteína (soja e amendoim). A planta pode assim ser utilizada como fonte alternativa de proteínas na formulação de alimentos para animais. Se for bem processada, reduzirá a competição entre o homem e o gado pelas fontes convencionais de proteína.

3.2 Utilizações médicas

O glicosídeo cardíaco peruvosídeo, do oleandro amarelo, tem sido utilizado medicinalmente para o tratamento da insuficiência cardíaca (Frohne & Pfander, 1983). No entanto, verificou-se anteriormente que a margem entre a dose terapêutica e a dose tóxica é demasiado pequena para que a peruvosida seja útil do ponto de vista terapêutico (Watt e Breyer-Bradwijk, 1962). Foi relatado que o óleo da semente de *T.*

peruviana é utilizado externamente para doenças de pele (folclóricas) (www.stuartxchange.com).

3.3 Utilizações ornamentais

A planta *Thevetia peruviana* é muito cultivada como árvore ornamental para adornar jardins e em locais religiosos para oferendas. (www.inchem.org). Na Nigéria, *a T. peruviana* é cultivada há mais de cinquenta anos como planta ornamental em casas, escolas e igrejas por missionários e exploradores (Ibiyemi *et al.*, 2002). Pode ser plantada perto uma da outra se for para ser usada como árvore de vedação viva, ao mesmo tempo que decora o ambiente.

3.4 Origem do petróleo

Aswan e Roa (1958), relataram que a semente de *Thevetia peruviana* produz 57% de óleo não-secante contendo glicéridos de ácido palmítico, esteárico e linoleico. Muitos autores também relataram a quantidade de óleo na semente, variando de 57% a 65% (Olatunji et al., 2011; Ibiyemi *et al.*, 2002; Olatunji, 2010). Usman *et al.* (2009) referiram que o óleo da semente de *Thevetia peruviana* indicava a presença de dois ácidos gordos essenciais (ácidos linoleico e linolénico). A quantidade de ácido linoleico varia entre 10,8 e 18,8%, enquanto a de ácido linolénico varia entre 0,40 e 0,744%. A investigação indicou que, com o seu baixo teor de ácido linolénico, o óleo é comparado favoravelmente com o óleo de girassol (0,7%). Consequentemente, os óleos serão menos propensos à auto-oxidação e ao ranço, pelo que serão adequados para utilização na alimentação humana e animal. Usman *et al.* (2009) também referem que as percentagens de ácidos gordos insaturados no óleo desintoxicado variam entre 50,9 e 52,93%, enquanto as percentagens de ácidos gordos saturados variam entre 24,97 e 28,30%. A elevada percentagem de ácidos gordos insaturados nos óleos favorece a sua utilização para a preparação de produtos oleoquímicos, tais como sabão líquido, champôs, resina alquídica e biodiesel.

3.5 Outras utilizações

Em alguns países, as sementes de *Thevetia peruviana* são mastigadas para um efeito emético drástico (Folclórico). As sementes também são utilizadas como abortivo (www.stuartxchange.com). Na mesma linha, num estudo relatado, (www.

stuartxchange. com), o extrato de *T. peruviana* tem atividade antimicrobiana e anti-termite: Na atividade antimicrobiana in vitro do extrato de etanol de *Thevetia peruviana*, o estudo mostrou uma atividade antimicrobiana que pode ser atribuída a vários fitoquímicos - flavonóides, fenólicos, polifenóis, taninos, terpenóides, sesquiterpenos - substâncias antimicrobianas eficazes contra uma vasta gama de microrganismos. O estudo mostrou que o extrato de *T. peruviana* provou ser eficaz contra *E. coli, Klebsiella pneumonia, P. aeruginosa*. Também mostrou atividade moderada contra *S.aureus, C. albicans, Aspergillus niger*, Mucor, Rhizopus e espécies de Penicillium. O óleo de sementes de *Thevetia peruviana* foi utilizado para fazer um revestimento de superfície com propriedades antifúngicas, antibacterianas e anti-térmitas. Os resultados mostraram que a tinta de óleo *à base de T. peruviana* era autopreservante contra micróbios e protegia substancialmente a madeira das térmitas subterrâneas.

CAPÍTULO 3

MATERIAIS E MÉTODOS

3.1 MATERIAIS

3.1.1 REAGENTES/QUÍMICOS

Químico/Reagente e Especificação

Ácido acético, Riedel-deHaen Alemanha

Amoníaco, BDH chemical Inglaterra

Cloreto de cálcio, PROLABO, Nigéria

Conc. Hidróxido de amónio, Riedel- deHaen Alemanha

Conc. H_2SO_4, Riedel-deHaen Alemanha

Conc. Ácido clorídrico, Riedel-deHaen

Alemanha

Conc. Hidróxido de sódio, GmbH República Checa

Fosfato dissódico , ES Nottingham

Etanol, Riedel-deHaen Alemanha

Acetato de etilo, Riedel-deHaen Alemanha

A solução de Fehling

Cloreto de ferro (III), Fisher Scientific UK

Acetato de chumbo, Cartivalues

Metanol, Riedel-deHaen Alemanha n-butanol, Riedel-deHaen Alemanha

n-hexano, Riedel-deHaen Alemanha

Azeite , Goya En Esfana, Espanha

Ácido pícrico, Fisher Scientific USA

$KMnO_4$, BDH chemical Inglaterra

Ferrocianeto de potássio, BDH chemical Inglaterra

Cloreto de sódio, BDH chemical Inglaterra

3.1.2 APARELHOS

Aparelhos e especificações

Copos, Pyrex Inglaterra

Almofariz e pilão de madeira Frasco cónico, Dessecador Pyrex
Inglaterra, Agitador de varetas de vidro Pyrex Inglaterra, Pipeta Pyrex
Inglaterra, Funil de separação Pyrex Inglaterra, Tubos de ensaio Pyrex
Inglaterra, Balão volumétrico Pyrex Inglaterra, Papel de filtro Pyrex
Inglaterra Watman N0:42(125mm)

Tecido de muscilina

Cadinho

3.1.3 EQUIPAMENTOS

Equipamento e fabricante

Balança analítica, aventureiro dawo

Placa de aquecimento, Jenway 1000

Forno de ar quente, Pathak electrica works, mumbai Medidor de pH, Jenway
3505

Extrator de Soxhlet, espetrofotómetro Uv-Vis eletrotérmico Bernstead,
banho-maria Jenway, Equitron, Mumbai Índia Microscópio de luz

3.1.4 RECOLHA DE AMOSTRAS

Os frutos maduros da planta *Thevetia peruviana* foram recolhidos em Marafa, na área
governamental local do norte de Kaduna, no estado de Kaduna, em janeiro de 2011. A
amostra foi identificada por um curador do habarium, Departamento de Ciências
Biológicas da Universidade Ahmadu Bello, Zaria. O número de registo da planta é 165.

3.1.5 PREPARAÇÃO DE AMOSTRAS

Os mesocarpos dos frutos foram removidos e o endocarpo duro foi rachado. As
sementes moles foram secas ao ar; uma parte foi esmagada num almofariz e pilão de
madeira e moída até se tornar pó. O pó foi então conservado à temperatura ambiente.
A outra parte foi dividida em porções e submetida a vários métodos de transformação.

3.2 MÉTODOS

3.2.1 Métodos de tratamento

Os métodos de transformação utilizados foram os seguintes (1) Ebulição; (2)
Fermentação; (3) Autoclavagem; (4) Tratamento com solvente: utilizando etanol,

metanol, acetato de etilo, n-hexano, n-butanal e mistura de metanol/etanol; (5) Tratamento com ácido; (6) Embebição. Os métodos 1, 2 e 3 foram modificações dos descritos por Ugwu e Oranye (2006), enquanto os métodos 4 e 5 foram adoptados de Oluwaniyi e colegas (2007). O método 6 foi uma modificação do método descrito por Akande e Fabiyi, (2010).

(1) Ebulição: Cerca de 5,0 g de amostra foram pesados e fervidos durante cerca de 90 minutos em água a 100^0 C. As sementes foram então secas em estufa a 60^0 C. As sementes secas foram moídas e passadas por uma peneira de 60 mesh.

(2) Fermentação: Cerca de 3,0g da amostra foram pesados e deixados a fermentar durante 48h. Cerca de 0,1g de levedura foi introduzida para induzir a fermentação. A presença de bolhas foi observada durante o processo. Depois de decorridas 48 horas, a amostra fermentada foi seca em estufa.

(3) Autoclavagem: Cerca de 4,0 g da amostra foram pesados e autoclavados a uma pressão de 15 Ib (120^0 C) durante 30 minutos. As sementes autoclavadas foram secas em estufa a 60^0 C e moídas em farinha.

(4) Tratamento com solvente: o tratamento com solvente foi efectuado utilizando uma modificação do método de Finnigan e Lewis (1988), tal como referido por Oluwaniyi e colegas (2007). Foram utilizados 10 ml de solução aq. a 80% do reagente para embeber a farinha desengordurada duas vezes. Na primeira vez, foi utilizado um rácio de solvente para farinha de 10:1 e a mistura foi bem agitada e deixada durante a noite. O solvente foi então decantado e foi adicionado solvente novo (rácio 5:1), que também foi deixado durante a noite. O produto final foi então prensado sem solvente e a massa seca ao ar

(5) Tratamento ácido: Foi utilizado 0,1MHCl para o tratamento e misturado com o bolo desengordurado na proporção de 4:1 (solvente: farinha). O bolo tratado foi então seco ao ar.

(6) Embebição: utilizou-se água para embeber a amostra e a mistura foi bem agitada e deixada durante a noite. A água foi então decantada e adicionou-se água fresca, que também foi deixada durante a noite. O produto final foi então prensado sem água e a amostra foi seca ao ar

3.2.2 Análise Qualitativa

A análise qualitativa foi realizada no extrato aquoso e nos espécimes em pó utilizando os procedimentos padrão descritos por Edeoga e colegas (2005) e Majaw e Moirangthem (2009).

Teste para taninos: Cerca de 0,5 g da amostra seca alimentada foi fervida em 20 ml de água num tubo de ensaio e filtrada. Foram adicionadas algumas gotas de cloreto férrico a 0,1% e observou-se a presença de uma coloração verde acastanhada ou preta azulada.

Ensaio para a deteção delobataninos: A deposição de um precipitado vermelho quando um extrato aquoso de uma amostra de planta foi fervido com ácido clorídrico aquoso a 1% foi considerada como prova da presença delobataninos.

Teste para saponina: Cerca de 2g da amostra alimentada foi fervida em 20ml de água destilada num banho de água e filtrada. 10 ml do filtrado foram misturados com 5 ml de água destilada e agitados vigorosamente até se obter uma espuma estável e persistente (espuma). A espuma foi misturada com 3 gotas de azeite e agitada vigorosamente, sendo depois observada a formação de uma emulsão.

Teste para flavonóides: 5 ml de solução diluída de amoníaco foram adicionados a uma porção do filtrado aquoso do extrato de sementes da planta, seguido da adição de H_2SO_4 concentrado. Uma coloração amarela observada no extrato indicou a presença de flavonóides. A coloração amarela desaparece com o repouso.

Teste de confirmação da presença de flavonóides: Uma porção da amostra de sementes de plantas em pó foi aquecida com 10 ml de acetato de etilo num banho de vapor durante 3 minutos. A mistura foi filtrada e 4 ml do filtrado foram agitados com 1 ml de solução de amoníaco diluída. Observou-se uma coloração amarela indicando um teste positivo para flavonóides. **Teste para glicosídeo cardíaco (teste de Keller-killani):** 5 ml do extrato de sementes foram tratados com 2 ml de ácido acético contendo uma gota de solução de cloreto férrico. Este foi sublimado com 1 ml de H_2SO_4 concentrado. O aparecimento de um anel castanho na interface indica um desoxi-açúcar caraterístico dos cardenolídeos. Por baixo do anel castanho pode aparecer um anel violeta, enquanto que na camada de ácido acético pode formar-se um anel esverdeado que se estende gradualmente por toda a camada fina.

Teste de Lectinas: Foi preparado um extrato aquoso da amostra (solvente: farinha) 10:1. O extrato foi misturado com sangue de ratinhos após o sacrifício do animal em diferentes volumes do extrato aquoso (5ul, 10ul, 15ul, 20ul) numa placa de microtítulo. A aglutinação dos glóbulos vermelhos foi observada ao microscópio para detetar a presença de lectinas.

3.2.3 Análise quantitativa

Preparação da amostra sem gordura: 2 g da amostra foram desengordurados com 100 ml de éter dietílico utilizando um aparelho de soxhlet durante 2 horas. A análise quantitativa foi efectuada de acordo com o procedimento descrito por Oluwaniyi e (2007).

Determinação do glicosídeo cardíaco utilizando um método descrito por El-Olemy e colegas (1994), tal como referido por Oluwaniyi e colegas (2007): a quantidade de glicosídeo nas amostras em bruto e tratadas foi avaliada utilizando o reagente de Baljet (95 ml de ácido pícrico aquoso a 1% + 5 ml de NaOH aquoso a 10%). Os glicosídeos cardíacos de digitalis desenvolvem uma cor vermelha alaranjada com o reagente de Baljet. A intensidade da cor produzida é proporcional à concentração do glicosídeo. Esta formação de cor é utilizada para a estimativa quantitativa do glicosídeo cardíaco presente. 1g de cada amostra foi embebido durante a noite com 10 ml de álcool a 70% e filtrado. Os extractos foram depois purificados utilizando acetato de chumbo a 12,5% e uma solução de Na2HPO4 a 4,77% antes da adição do reagente de Baljet recentemente preparado. A intensidade (absorvância) da cor produzida foi medida utilizando um espetrofotómetro a 495nm. Simultaneamente, foi efectuado um ensaio em branco com água destilada e reagente de Baljet. A intensidade da cor produzida é proporcional à concentração do glicosídeo.

CAPÍTULO 4

RESULTADOS E DISCUSSÃO

4.1   Determinação qualitativa e quantitativa dos factores anti-nutricionais na amêndoa da semente de *Thevetia peruviana*

A análise da farinha de sementes de *Thevetia peruviana* mostrou que, de todos os factores antinutricionais analisados, apenas o glicosídeo cardíaco (a 7,982g% da semente) foi encontrado, como se mostra abaixo no Quadro 4.1.

Tabela 4.1: Resultados da análise qualitativa e quantitativa dos factores anti-nutricionais na amêndoa da semente de *Thevetia peruviana*

Fator anti-nutricional	Inferência	Quantidade (w/w%)
Flavonóides		0.00
Taninos		0.00
Flobataninos		0.00
Saponina		0.00
Lectinas		0.00
Glicosídeo cardíaco	+	7.98

+ indica a presença de constituintes; indica a ausência de constituinte

Embora nenhum trabalho relatado até agora na Nigéria tenha sido visto para mostrar a triagem de antinutrientes da semente de thevetia, no entanto, a presença de glicosídeo cardíaco foi estabelecida na semente por muitos autores (Perez-Amador *et al.*, 1994; El Tanbouly *et al.*, 2000; Oluwaniyi e Ibiyemi, 2007; Oluwaniyi *et al.*, 2007; Usman et al., 2009). Relativamente à quantidade de glicosídeo cardíaco na semente, Oluwaniyi e Ibiyemi, (2007) relataram que a semente contém 5,44g% de glicosídeo cardíaco. A variação observada aqui a partir do resultado obtido (Tabela 4.1) pode ser resultado da variedade ou possivelmente da localização da planta.

4.2 Experiências que demonstram tentativas de inativar o teor de glicosídeos cardíacos da amêndoa da semente de Thevtia através de vários processos

Foram utilizados vários métodos de processamento para inativar o glicosídeo cardíaco tóxico nas sementes. Os resultados mostram uma redução acentuada do teor de glicosídeo cardíaco tóxico, independentemente do método de desintoxicação empregue (figura 4.1).

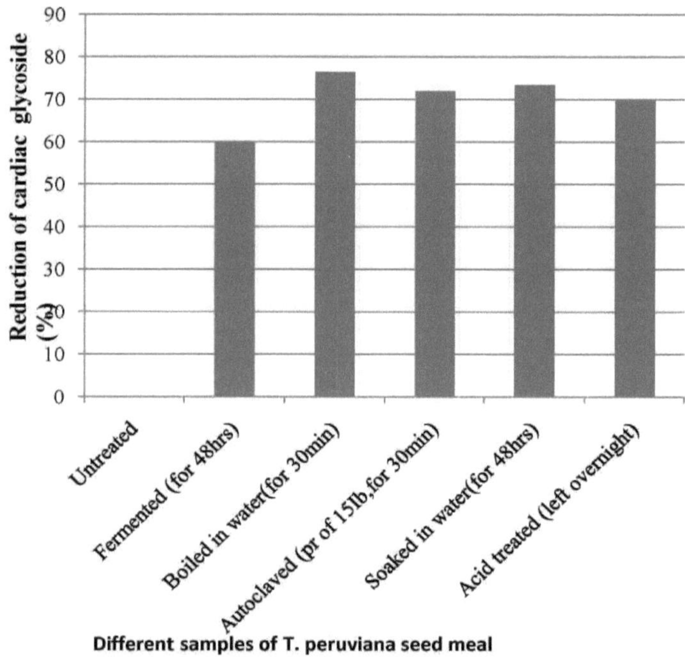

Fig.4.1 Efeito de diferentes métodos de processamento no glicosídeo cardíaco na amostra de farinha de semente de *Thevetia peruviana*

Verificou-se que a ebulição reduziu mais o glicosídeo cardíaco tóxico da semente, e a fermentação, menos. A ebulição deu este melhor resultado possivelmente devido à natureza polar das toxinas, que aumenta a sua extração pelo solvente polar (água).

Além disso, o aumento da temperatura aumenta geralmente a energia de movimento das moléculas (a energia cinética) e, por conseguinte, a sua reatividade. O aumento da temperatura aumenta geralmente a solubilidade (Ababio, 2003). A este respeito, portanto, o aumento da interação ou da reatividade dos glicósidos (moléculas polares) com a água (solvente polar) provocado pelo aumento da temperatura (durante a ebulição) poderia possivelmente ter favorecido a extração do glicósido cardíaco tóxico. No caso da fermentação, foram utilizadas células de levedura para efetuar este processo. A capacidade das células de levedura para converter o açúcar em dióxido de carbono e etanol deve-se às enzimas. Várias enzimas estavam envolvidas neste processo. O passo final foi a redução da enzima Zymase, que pega no produto final das outras enzimas e transforma-o em álcool (www.cazypedia.org). A equação bioquímica abaixo resume o processo:

$$C_{12}H_{22}O_{11} + H_2O + \text{invertase} \rightarrow 2\ C_6H_{12}O_6$$

$$C_6H_{12}O_6 + \text{Zymase} \rightarrow 2C_2H_5OH + 2CO_2$$

Embora a fermentação tenha sido utilizada em muitos processos de desintoxicação de produtos vegetais como a mandioca, verificou-se aqui que foi o método menos eficaz na redução do glicosídeo cardíaco tóxico. Normalmente, não só os glicosídeos cardíacos presentes na farinha de sementes são susceptíveis às acções das enzimas produzidas pelo organismo de levedura, como também outros constituintes, como os hidratos de carbono, são igualmente susceptíveis às acções das enzimas. Além disso, as enzimas produzidas pelo organismo de levedura
hidrolisa a ligação O-glicosídica. Mas como estabelecido (www.cazypedia.org), existem glicosídeos que são ligados a O, N e S na natureza. Obviamente, as enzimas produzidas pela levedura não podem hidrolisar estes tipos de glicosídeos. A autoclavagem, embora tenha reduzido o teor de glicosídeos cardíacos na semente, não foi suficientemente boa, possivelmente devido à estabilidade das toxinas ao calor. O tratamento ácido também não produziu um bom rendimento de extractibilidade. Tal como observado por Usman e colegas (2009), normalmente não só os glicosídeos cardíacos na farinha são susceptíveis de hidrólise, como também

outros constituintes como os hidratos de carbono e as proteínas.

Pensou-se que poderiam ser empregues diferentes solventes para ver se se obtinha um melhor resultado. Foram então utilizados vários solventes orgânicos e os resultados mostram que o metanol e o etanol permitiram uma melhor redução do glicosídeo cardíaco na semente (Figura 4.2).

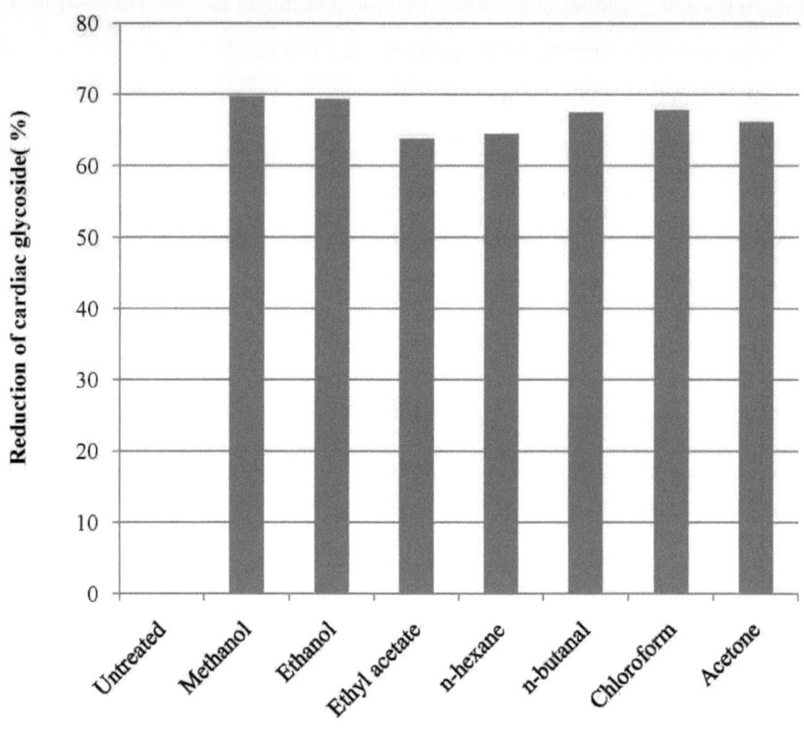

Fig.4.2 Extração de glicosídeo cardíaco da farinha de sementes de *Thevetiaperuviana* utilizando diferentes solventes orgânicos.

Investigações posteriores utilizando diferentes misturas de solventes metanol/etanol mostraram que as proporções 8:2 e 3:7 extraíram o glicosídeo cardíaco melhor do que outras proporções (Figura 4.3).

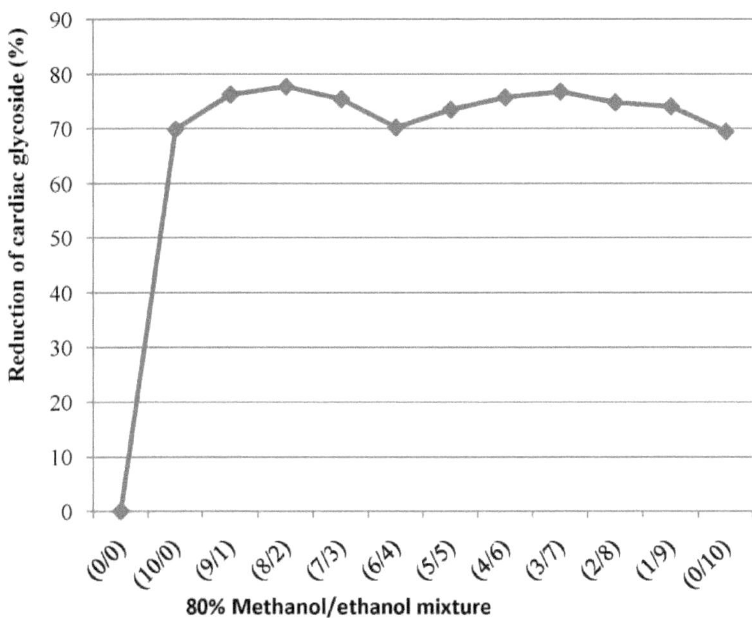

Fig. 4.3 Extração de glicosídeo cardíaco da farinha de sementes de *Thevetiaperuviana* utilizando uma mistura de metano/etanol a 80%.

Este resultado corresponde à mistura de solventes metanol/etanol (8:2) que Oluwaniyi e colegas (2007) utilizaram na desintoxicação da semente de thevetia. Akande e Fabiyi, (2010) referiram que, em muitos casos, a utilização de apenas um método pode não resultar na remoção desejada de substâncias anti-nutricionais e pode ser necessária uma combinação de dois ou mais métodos. Foi nesta perspetiva que foram empregues dois métodos para ver se o glicosídeo cardíaco na semente poderia ser melhor removido. As figuras 4.4 e 4.5 mostram a utilização destes dois métodos combinados de tratamento: Mistura de metanol/etanol (8:2) e ebulição com variação do tempo e da temperatura de ebulição.

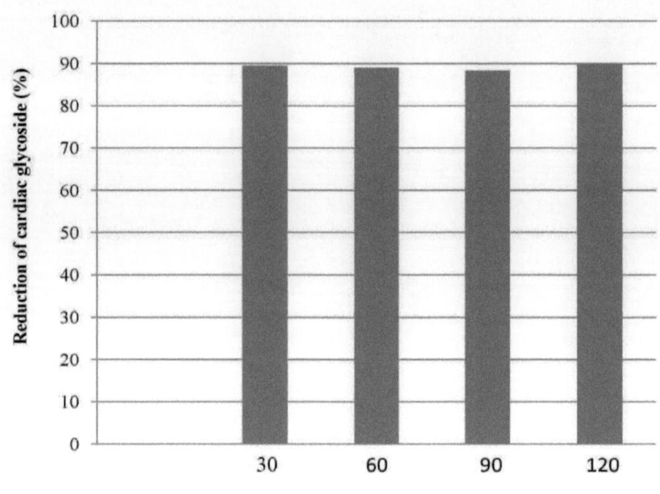

Fig. 4.4 Extração do glicosídeo cardíaco da farinha de sementes de *Thevetia peruviana* utilizando a mistura de solventes metanol/etanol (8:2) e fervendo a 650C, com variação do tempo

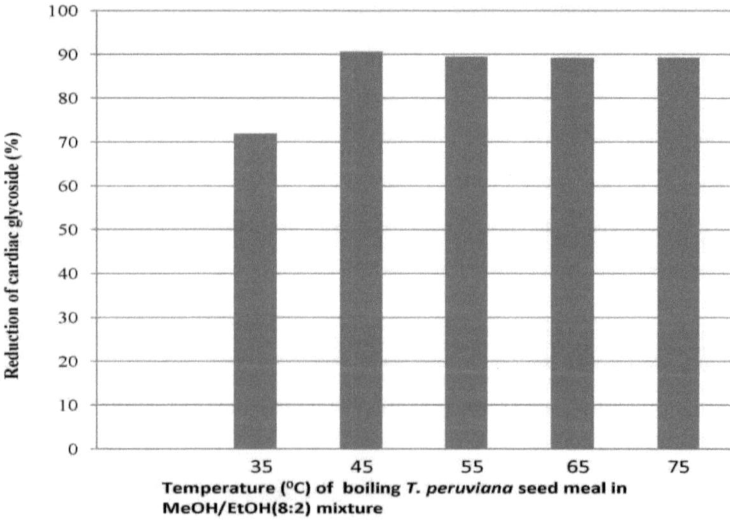

Fig. 4.5 Extração do glicosídeo cardíaco da farinha de sementes de *Thevetiaperuviana* utilizando a mistura de solventes metanol/etanol (8:2) e fervendo durante 30 minutos, com variação de temperatura.

Os resultados obtidos mostram que a ebulição com uma mistura de solventes metanol/etanol (8:2) durante 30 minutos a 45^0 C é suficiente para atingir a redução óptima (90,64%) do glicosídeo cardíaco tóxico da farinha de sementes.

4.3 Discute-se a relevância destes resultados para a formulação de alimentos para animais.

A avaliação dos factores antinutricionais nas plantas é muito importante antes de qualquer planta poder ser aplicada como fonte de proteínas na formulação de alimentos para animais. Isto é para determinar a segurança da planta. Os resultados desta investigação são relevantes na medida em que permitem aproveitar o potencial nutricional da semente de thevetia como fonte alternativa de proteínas para a formulação de alimentos para animais. Muitas sementes que poderiam ser fontes potenciais de proteínas para a alimentação animal contêm uma série de toxinas e anti-nutrientes que reduzem os seus valores nutritivos (Oluwaniyi *et al.,* 2007). Este estudo apresenta, portanto, uma forma de desintoxicar suficientemente a semente de thevetia, tornando os seus valores nutricionais acessíveis.

A Tabela 4.2 mostra a composição nutricional da farinha de sementes de *Thevetia peruviana* e da torta de sementes de amendoim tratadas com álcool.

Quadro 4.2 Composição nutricional da farinha de sementes de *Thevetia peruviana* e do bagaço de sementes de amendoim tratados com álcool

Farinha ou bagaço de sementes	Proteína bruta (w/w %)	Hidratos de carbono (p/p %)	Referência
Amendoim	56.4	28.3	Usman *et al.* (2009)
Tratamento do álcool *Thevetia peruvaina*	53.63±0.22	23.09±0.26	Oluwaniyi *et al.* (200).

Estes resultados mostram que as sementes de thevetia tratadas com álcool podem ser comparadas favoravelmente com o teor de nutrientes do bagaço de amendoim cultivado na Nigéria. Atualmente, não há praticamente nenhuma procura comercial ou alimentar de animais para as sementes de thevetia, o que as torna muito baratas em comparação com outros concentrados proteicos convencionais, como os amendoins. Foi referido por Taiwo e colegas (2004) que as fontes de proteínas vegetais não só são limitadas, como também são muito caras devido às necessidades concorrentes destas fontes por parte do homem e de outros animais. Por conseguinte, estas descobertas contribuiriam muito para apresentar uma fonte alternativa de proteínas de origem vegetal que seja barata, nutritiva, facilmente disponível e acessível, especialmente nos países em desenvolvimento como a Nigéria.

CONCLUSÃO E RECOMENDAÇÃO

CONCLUSÃO

No final desta investigação, de todos os anti-nutrientes analisados na semente de Thevetia, apenas foi encontrado o glicosídeo cardíaco (a 7,982g% da amêndoa da semente). Também mostra que a ebulição com uma mistura de solventes metanol/etanol (8:2) durante 30 minutos a 45^0 C é suficiente para atingir a redução óptima (90,64%) do glicosídeo cardíaco tóxico da farinha de sementes.

A semente de *Thevetia peruviana* poderia ser uma fonte alternativa de proteínas para a formulação de rações animais, se bem aproveitada. Reduziria a competição entre o homem e o gado pelas fontes de proteínas convencionais (soja e amendoim). O óleo também poderia ser utilizado na produção de oleoquímicos, como champôs, sabão e até biodiesel.

RECOMENDAÇÃO

Na natureza, várias plantas armazenam compostos sob a forma de glicosídeos dormentes. Estas substâncias químicas podem ser activadas por determinadas enzimas através de uma hidrólise que resulta na separação da parte do açúcar. A ativação destas substâncias químicas pelas enzimas torna-as acessíveis para utilização (www.herbs2000.com). Utilizando este conceito da natureza, recomendo, portanto, que se realizem mais investigações sobre a semente *de Thevetia peruviana* utilizando enzimas específicas que actuam apenas sobre o glicosídeo para lhe permitir uma excelente desintoxicação.

REFERÊNCIAS

Ababio, O.Y. (2003). *New School Chemistry for senior secondary school*, African First publishers limited, Onitsha Nigéria. Pp280-281

Akande, K.E. e Fabiyi, E.F. (2010). Efeito dos métodos de processamento em alguns factores anti-nutricionais em sementes de leguminosas para alimentação de aves. *Jornal Internacional de Ciência Avícola* 9 (10):996-1001

Aletor, V.A. (1999). Factores anti-nutricionais como o paradoxo da natureza na segurança alimentar e nutricional. Série de palestras inaugurais 15, proferidas na Universidade Federal de Tecnologia, Akure (FUTA).

Ansford, A.J. e Morris, H. (1981). Envenenamento fatal por oleandro. *Medical Journal Australia*, 1:360-361.

Arora, R.B; Sharma J.N. e Bhatia M.L. (1967). Avaliação farmacológica do peruvoside, um novo glicosídeo cardíaco da thevetia nereifolia com uma nota sobre os seus ensaios clínicos em doentes com insuficiência cardíaca congestiva. *Indian J. exp. Biol.* 5(1), 3136.

Aswani, R. e Rao, S. (1958). Glicosídeos cardiotóxicos de thevetia. *J. Sci. Ind. Res. (India)* 17b:331-332

Brewste, D. (1986). Herbal poisoning: a case report of a fatal yellow oleander poisoning from the Solomon Islands. *Ann Trop. Paediatr.* 6:289-291.

Campanero (n.d). Recuperado em 22 de abril[nd] , 2011. De http://www.stuartxchange.com/campaner o.html

Edeoga, H.O; Okwu, D.E. e Mbaebie B.O. (2005). Constituintes fitoquímicos de algumas plantas medicinais da Nigéria. *Jornal Africano de Biotecnologia* 4(7): 685-688

El Tanbouly, N.D; Islam, W.D; Shetata, I.A; Bastow, K.; Fachibanna, Y. e Lee K.H. (2000). Glicosídeos cardíacos citotóxicos de *Thevetia neriifolia* Juss Roots. *Boletim da Faculdade de*

Farmácia, Universidade do Cairo, Chem. Abst., 136:2978a, 2002, 38:103-106.

Fagbemi, T.N; Oshodi, A.A e Ipinmoroti K.O.
(2005). Efeito do processamento em alguns factores anti-nutricionais e na digestibilidade proteica multienzimática in vitro (IVPD) de três sementes tropicais: Castanha da Índia
(*Artocarpus altilis*), castanha de caju (*Anacardium occidentale*) e abóbora (*Telfairia occidentalis*). *Pakistan Journal of Nutrition* , 4(4):250- 256.

Frohne, D. e Pfander H.J. (1983). Ed. *A color Atlas of poisonous plants*, Wolfe publishing limited, Alemanha. p47

Hidrolases de glicosídeos (n. d). Recuperado em 16 de dezembro[th] , 2011. De

http://www.cazypedia.org/index.php/File: GHs.png

Hidrolases de glicosídeos (n. d). Recuperado em 16 de dezembro[th] , 2011. De

http://en.wikipedia.org/wiki/Glycoside h ydrolase.

Glicosídeos (n. d). Recuperado em 16 de dezembro[th] , 2011. De

http://www.herbs2000.com/h menu/glyc osides.htm

Hayness, B.E; Bessen, H.A. e Wrightman W.D.
(1985). Chá de Oleandro: bebida herbácea da morte. *Ann. Emerg. Med.,* 14:350-353.

Huang, C.C; Hung, K.H. e Lo, S.H. (1966).
Farmacologia dos glicosídeos de
Thevetia peruviana I. thevetin. *Chem. Abstr.,* 64: 18275d.

Ibiyemi, S.A; Fadipe, V.O; Akinremi, O.O. e Bako S.S. (2000).
Variação na composição do óleo das sementes de frutos de *Thevetia peruviana* Juss (Oleandro Amarelo). *Journal of Applied Science and environmental Management* (JASEM) 6(2):61-65.

Igile, G.O. (1996) Phytochemical and Biological Studies on some constituents of *Vernonia amygdalina* (Compositae) leaves. Tese de doutoramento, Departamento de Bioquímica, Universidade de Ibadan, Nigéria.

Importância dos frutos secos e das sementes (n.d). Recuperado em 15 de abril de 2011. De http://www.best-home- remedies.com/articles/nuts&seeds.html

Kumar, R. (1992). Factores anti-nutricionais, risco potencial de toxicidade e método para os atenuar. Actas da consulta de peritos da Organização das Nações Unidas para a Alimentação e a Agricultura (FAO) realizada no Instituto de Investigação e Desenvolvimento Agrícola da Malásia (MARDI) em Kuala Lumpur, Malásia, 14-18 de outubro de 1991.

Langa, H.Y. e Sun, N.C. (1965). Os glicosídeos cardíacos de *Thevetia peruviana* II. Isolamento e identificação de Cerberin, Rovoside e um novo glicosídeo cardíaco. *Perusitin. Chem. Abstr.,* 62:9465a.

Liener, I.E. e Kakade, M.L. (1980). Toxic constituents of Plant Foodstuffs.(Liener, I.E. Ed.) Academic press, New York, pp:7-71

Majaw, S. e Moirangthem, J. (2009). Análise qualitativa e quantitativa de *Clerodendron colebrookianum* walp. folhas e *Zingiber cassumunar* Roxb. Rhizomes. *Ethnobotanical leaftlets.*

Moran, Jr. E.T; Summers, J.D. e Bass, E.J. (1968). Processamento térmico da farinha de gérmen de trigo e seu efeito sobre a utilização e a qualidade da proteína para pintos em crescimento; torrefação e autoclavagem. *Cereal Chem,* 45:304-308.

Nelson, D.L. e Cox, M.M. (2005). Lehninger Principles of Biochemistry, W.H Freeman and Company, Nova Iorque. Pp 343-344

Oji, O. e Okafor, Q.E. (2000). Estudos toxicológicos sobre o caule, a folha da casca e a semente amêndoa de oleandro amarelo (*Thevetia peruviana*). *Phytother Res.,* 14(2): 133135.

Olatunji, O.M.(2010). Modelação do processo de Transesterificação do óleo de arbusto de leite para a produção de Biodiesel Tese de Doutoramento. Tese de doutoramento. Departamento de Engenharia Agrícola e Ambiental, Universidade de Ciência e Tecnologia do Estado do Rio, Port Harcourt, Nigéria.

Olatunji, O.M; Akor, A.J. e Akintoyo C.O.
(2011). Análise de algumas propriedades Físico-Químicas de sementes de leiteiro(*Thevetia peruviana*). *Revista eletrónica de agricultura ambiental e química alimentar* (EJEAFCHE), 10(2):1952-1957

Oluwaniyi, O. O; Ibiyemi, S.A. e USman, A. L. (2007). Efeito da desintoxicação no teor de nutrientes do bolo de sementes de *Thevetia peruviana*. *Research Journal of Applied sciences*, 2(2): 188-191.

Oluwaniyi, O. O. e Ibiyemi, S. A. (2007). Extractabilidade dos glicosídeos de Thevetia peruviana com mistura de álcool. *Revista Africana de Biotecnologia* Vol. 6(18), pp. 2166-2170.

Omonona, B.T. e Agoi, G. A. (2007). An analysis of food security situation among Nigerian urban Households: Evidence from Lagos state, Nigeria. *Jornal da Agricultura da Europa Central*, Vol. 8(2007) No3(397-406).

Osagie, A.U, (1998). Factores anti-nutricionais em: Qualidade nutricional dos alimentos. Ambic press Ltd, Benin city, Nigéria, pp 1-40; 221244

Perez-Amado, M.; Bratoeffand, E.A. e Hernandez, S.B. (1994). Thevetoxide e Digitoxigenin cardenolides de duas espécies de thevetia (Apocynaceae). *Chem. Abs.,* 120:319441t.

Thevetia peruviana, oleandro amarelo (n.d).
Recuperado em 22 de abril[nd] , 2011. De
http://www.thepoisongarden.co.uk/atoz/thevetia peru viana/Default.asp

Thevetia peruviana (n.d) . Recuperado em 15 de abril de 2011. De
http://www.zipcode.Com/plants/T/Theveti aperuviana

Thevetia (n.d). Recuperado em 22 de abril[nd] ,2011. De
http://www.inchem.org/documents/pims/plant/thevetia .htm

Samal, K.K; Sahu, H.K. e Gopalakrishnakone, P. (1992). Estudo clínico-patológico do envenenamento por *Thevetia peruviana* (oleandro amarelo). *Journal of Wilderness medicine*. 3(4): 382-386.

Soetan, K.O. e Oyewole, O.E. (2009). A necessidade de um processamento adequado para reduzir os factores antinutricionais nas plantas utilizadas na alimentação humana e animal. Uma revisão. *Jornal Africano de Ciência Alimentar*, vol. 3(9), pp. 223-232.

Sticher, O. (1970). Theveside, um novo glicosídeo iridoide de *Thevetia peruviana. Tetrahedron Lett.*, 36,3195-3196 (Chem. Abstr. 73:110064p,1970)

Sugano, M.; Goto, S.; Yaoshida, K.; Hashimoto, Y.; Matsno, T. e Kimoto, M. (1993). Cholesterol-lowering activity of Various undigested fractions of soybean protein in rats (Atividade de redução do colesterol de várias fracções não digeridas da proteína de soja em ratos). *Journal of Nutrition.* 120(9): 977985

Sun, N.C. e Lizibor, N.I. (1964). Os glicosídeos de Thevetia peruviana. Izuch. I. Ispol'3 Lekartstv Rastil Resursor USSR (Leningrado: med) Sb. 253-255(Chem. Abstr., 6:20496, 1965).

Taiwo, V.O; Afolabi, O.O; Adegbuyi, O.A. (2004). Efeito da farinha à base de bagaço de sementes de Thevetia peruviana no crescimento, hematologia e tecidos de coelhos. Tropical and Subtropical Agroecosystems. 4:7-14.

Ugwu, F.M. e Oranye, N.A. (2006). Efeito de alguns métodos de processamento nos componentes tóxicos da fruta-pão africana (*Treculia africana*). *Revista* Africana *de Biotecnologia*. 5(22): 2329-2333

Usman, L.A. (1999). Desintoxicação do bolo de sementes de *Thevetia peruviana*, efeito sobre a qualidade da proteína bruta; albumina e globulina, uma tese de mestrado apresentada ao Departamento de Química, Universidade de Ilorin, Ilorin

Usman, L.A; Oluwaniyi, O.O; Ibiyemi, S.A; Muhammad, N.O. e

Ameen, O.M.

(2009) O potencial do Oleandro (Thevetia peruviana) no desenvolvimento agrícola e industrial de África: um estudo de caso da Nigéria. *Jornal de Biociências Aplicadas.* 24:1477-1487.

Watt, J.M. e Breyer-Brandwijk, M.G, (1962).

Ed. The medicinal and Poisonous plants of Southern and Eastern Africa, E & S Living stone Ltd, Edinburgh & London, pp 107-109.

Wu, Y.U. e Inglett, G.E. (1974). Desnaturação de proteínas vegetais relacionada com a funcionalidade da aplicação alimentar: Uma revisão. *Journal of Food Science*, 38:18-225.

APÊNDICE

TABELA 1. Mostrando o efeito de diferentes métodos de processamento sobre o glicosídeo cardíaco na farinha de sementes de *Thevetia peruviana*

AMOSTRA	ABS DA 1ª AMOSTRA - ABS DO BRANCO (A 495nm)	ABS DE 2ND AMOSTRA- ABS DO BRANCO (A 495nm)	MÉDIA ABS± SD (AT 495nm)	% TOTAL DE GLICOSÍDEOS CARDÍACOS NA SEMENTE	REDUÇÃO DO GLICOSÍDEO CARDÍACO (%)
Não tratado	1.356	1.358	1.357 ±0.001	7.982	0
Álcool Tratados	0.21	0.20	0.205 ±0.007	1.205	84.90
Fermentado	0.545	0.544	0.5445 ±0.001	3.203	59.87
Cozido	0.33	0.31	0.32 ±0.014	1.882	76.42
Autoclavado	0.380	0.382	0.381 ±0.001	2.241	71.92
Embebido em água	0.362	0.361	0.3615 ±0.001	2.126	73.37
Tratamento com ácido	0.408	0.412	0.41 ±0.003	2.412	69.78

TABELA 2. Resultados da extração de glicosídeos cardíacos da farinha de sementes de *Thevetia peruviana* utilizando diferentes solventes orgânicos.

SOLVENTE (80%)	ABS DA 1ª AMOSTRA - ABS DO BRANCO (A 495nm)	ABS DE 2ND AMOSTRA- ABS DO BRANCO (A 495nm)	MÉDIA ABS± SD (AT 495nm)	% TOTAL DE GLICOSÍDEOS CARDÍACOS NA SEMENTE	REDUÇÃO DO GLICOSÍDEO CARDÍACO (%)
Não tratado	1.356	1.358	1.357 ±0.001	7.982	0
Metanol	0.409	0.411	0.41 ±0.001	2.412	69.78
Etanol	0.415	0.416	0.4155 ±0.001	2.444	69.38
Acetato de etilo	0.493	0.490	0.492 ±0.002	2.894	63.74
N-hexano	0.481	0.485	0.483 ±0.003	2.841	64.41
N-butanal	0.439	0.442	0.441 ±0.002	2.594	67.50
Clorofórmio	0.4305	0.444	0.437 ±0.009	2.571	67.79
Acetona	0.464	0.455	0.460 ±0.006	2.706	66.10

TABELA 3. Resultados da extração de glicosídeos cardíacos da farinha de sementes de *Thevetia peruviana* utilizando uma mistura de metano/etanol a 80%.

80% MeOH/EtOH	ABS DE 1ST SAMPL E- ABS DE BLAN K (A 495nm)	ABS DE 2ND SAMPL E- ABS DE BLAN K (A 495nm)	MÉDIA ABS± SD (AT 495nm)	% DE GLICOSÍDEOS CÁRDIACOS TOTAIS NA SEMENTE	REDUÇÃO DOS GLICOSÍDEOS CARDÍACOS (%)
0/0	1.356	1.358	1.357±0.0 01	7.982	0
10/0	0.409	0.411	0.41±0.00 1	2.412	69.78
9/1	0.323	0.324	0.3235±0. 001	1.903	76.16
8/2	0.306	0.301	0.3035±0. 004	1.785	77.64
7/3	0.334	0.335	0.3345±0. 001	1.968	75.34
6/4	0.404	0.406	0.405±0.0 01	2.382	70.16
5/5	0.362	0.360	0.361±0.0 01	2.124	73.39
4/6	0.329	0.332	0.3305±0. 002	1.944	75.65
3/7	0.315	0.317	0.316±0.0 01	1.859	76.71
2/8	0.345	0.340	0.343±0.0 04	2.017	74.73
1/9	0.355	0.350	0.353±0.0 04	2.076	73.99
0/10	0.415	0.416	0.4155±0. 001	2.444	69.39

TABELA 4: Extração de glicosídeos cardíacos da farinha de sementes de *Thevetia peruviana* utilizando uma mistura de metanol/etanol a 80% (8:2) e fervura com variação de tempo

TEMPO (Min) PARA BIOLINAG EM ALCOFORAMENTO OL EtOH/MeOH (2:8)	ABS DE 1 SAMP[ST] LE- ABS DE BLAN K (A 495nm)	ABS DE 2 SAMP[ND] LE- ABS DE BLAN K (A 495nm)	MEA N ABS ± DP (AT 495nm)	% TOTAL DE GLICOSÍDEOS CÁRDIACOS NA SEMENTE	REDUÇÃO DO RISCO CARDÍACO GLYCOS IDE (%)
	1.356	1.358	1.357 ±0.001	7.982	0
30	0.109	0.179	0.144 ±0.049	0.847	89.39
60	0.105	0.194	0.1495 ±0.063	0.879	88.99
90	0.107	0.209	0.158 ±0.072	0.929	88.36
120	0.141	0.131	0.136 ±0.007	0.80	89.98

TABELA 5: Extração do glicosídeo cardíaco da farinha de sementes de *Thevetia peruviana* utilizando uma mistura combinada de 80% de metanol/etanol (8:2) e ebulição, com variação de temperatura.

TEMPERAT URA (0C) PARA BIOLAGEM EM ÁLCOOL EtOH/MeO H(2:8)	ABS DE 1 SAMP[ST] LE- ABS DE BLAN K (A 495nm)	ABS DE 2ND SAMP LE- ABS DE BLAN K (A 495nm)	MEA N ABS ± DP (AT 495n m)	% TOTAL DE GLICOSÍDEOS CÁRDIACOS NA SEMENTE	REDUÇÃO DO RISCO CARDÍACO GLYCOS IDE (%)
	1.356	1.358	1.357 ±0.00 1	7.982	0
35	0.385	0.379	0.382 ±0.00 4	2.247	71.85
45	0.126	0.129	0.127 ±0.00 2	0.747	90.64
55	0.169	0.116	0.142 ±0.03 7	0.835	89.54
65	0.165	0.128	0.146 5 ±0.02 6	0.862	89.20
75	0.172	0.117	0.145 ±0.03 9	0.853	89.31

Thevetia peruviana planta

Frutos, flores e grãos de sementes de *Thevetia peruviana*

A: cor vermelho-alaranjada desenvolvida pelo glicosídeo cardíaco com o reagente de Baljet, **B**: reagente de Baljet

Diagrama que mostra o processo de quantificação do glicosídeo cardíaco na amêndoa da semente de *Thevetia peruviana* utilizando o espetrofotómetro UV/Vis 6505